EXPOSITION UNIVERSELLE DE VIENNE EN 1873.

AGRICULTURE DU CENTRE DE LA FRANCE

NOTICE

SUR LE

DOMAINE DE THENEUILLE

(ALLIER)

CULTIVÉ PAR LES MÉTAYERS ASSOCIÉS

L. BIGNON AÎNÉ

PROPRIÉTAIRE-AGRICULTEUR

PARIS
IMPRIMERIE DE GEORGES CHAMEROT
RUE DES SAINTS-PÈRES, 19.

M DCCC LXXIII

EXPOSITION UNIVERSELLE DE VIENNE EN 1873.

DOMAINE DE THENEUILLE

(ALLIER).

EXPOSITION UNIVERSELLE DE VIENNE EN 1873.

AGRICULTURE DU CENTRE DE LA FRANCE.

NOTICE

SUR LE

DOMAINE DE THENEUILLE

(ALLIER)

CULTIVÉ PAR LES MÉTAYERS ASSOCIÉS

A

L. BIGNON AINÉ

PROPRIÉTAIRE-AGRICULTEUR

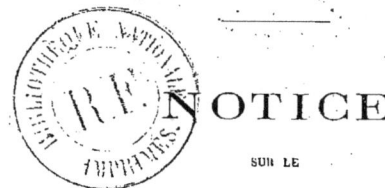
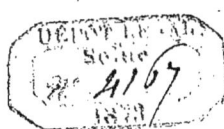

PARIS
IMPRIMERIE DE GEORGES CHAMEROT
RUE DES SAINTS-PÈRES, 19.

M DCCC LXXIII

M. L. Bignon aîné, en exposant l'*état ancien* et l'*état actuel* du domaine qu'il possède à Theneuille (Allier), s'est proposé de faire connaître :

1° L'état de la propriété en 1849 ;

2° Les baux passés entre les anciens propriétaires et les métayers avant 1849 ;

3° Le contrat qui règle les intérêts entre le propriétaire actuel et les métayers ;

4° Les procédés culturaux suivis dans l'amélioration de la propriété ;

5° L'assolement suivi sur le domaine ;

6° L'état comparatif des produits et les résultats financiers ;

7° Les récompenses décernées à l'exposant.

Cet exposé résume vingt-cinq ans de culture et montre les résultats que l'on peut obtenir à l'aide de l'association agricole ou du métayage dirigé par le propriétaire.

OBJETS EXPOSÉS.

1. Plan du domaine en 1849.
2. Plan du domaine en 1872.
3. Carte géologique de la commune de Theneuille.
4. Aquarelles représentant les bâtiments tels qu'ils existaient en 1849.
5. Aquarelles représentant les bâtiments tels qu'ils sont aujourd'hui.
6. Phothographies représentant les animaux du domaine en 1849.
7. Phothographies représentant les animaux du domaine en 1872.
8. Aquarelles représentant les animaux du domaine qui ont été primés dans les concours et expositions agricoles.
9. Aquarelles représentant les défrichements opérés en 1849 et les labours exécutés en 1872.
10. Grains et semences fournis par les plantes cultivées sur le domaine.

TABLE DES MATIÈRES.

	Pages.
I. État de la propriété en 1849	9
II. Contrat entre les anciens propriétaires et les métayers	11
III. Contrat qui règle les intérêts entre le propriétaire actuel et les métayers	13
IV. Procédés culturaux suivis dans l'amélioration de la propriété	16
V. Assolement suivi sur le domaine	18
VI. État comparatif des produits et résultats financiers	20
VII. Récompenses décernées à l'exposant	22
Association du capital et du travail dans le métayage (Rapport lu à la Société centrale d'agriculture de France)	23

EXPOSITION UNIVERSELLE DE VIENNE EN 1873.

NOTICE

SUR LE

DOMAINE DE THENEUILLE

(ALLIER)

CULTIVÉ PAR LES MÉTAYERS ASSOCIÉS AU PROPRIÉTAIRE

I.

ÉTAT DE LA PROPRIÉTÉ DE THENEUILLE EN 1849.

C'est au commencement de 1849 que la terre de Theneuille fut achetée par le propriétaire actuel avec la pensée de l'améliorer.

Le sol de la commune de Theneuille est mouvementé; on y rencontre des collines, quelques plateaux et des vallées plus ou moins larges, quelquefois assez profondes, où coulent des ruisseaux. Ces vallées sont couvertes pour la plupart de prairies naturelles.

Les terres, qui sont argilo-siliceuses et à sous-sol imperméable, se trouvaient à cette époque dans les plus mauvaises conditions.

Elles étaient pauvres, humides à l'excès, couvertes en grande partie de landes et de broussailles, marécageuses dans les vallées, ravinées par les eaux sur les pentes où elles offraient des inégalités qui rendaient le travail difficile ; de plus ces terrains étaient dépourvus d'élément calcaire.

Les prairies naturelles donnaient de très-mauvais foin, n'en fournissaient pas même assez pour alimenter un cheptel composé de 50 bêtes à cornes très-médiocres, dans un déplorable état de tenue et estimées, par experts, 5,100 fr.

Le domaine n'avait jamais produit de fourrages artificiels, et la culture du froment y était inconnue.

Le seigle et l'avoine étaient les seules céréales de la culture que suivaient les paysans plongés dans l'ignorance et la routine, qui manquaient de capitaux et qui laissaient ainsi dépérir d'importants éléments de la prospérité publique.

Les instruments de travail étaient en rapport avec l'état général, ils étaient des plus primitifs.

L'araire en bois, une herse également en bois et une mauvaise charrette à bœufs constituaient tout le mobilier des métayers.

Les bâtiments d'exploitation, mal construits, et encore plus mal distribués, ressemblaient à des huttes délabrées.

Les chemins, impraticables, rendaient très-difficiles l'exploitation du domaine et les communications entre les diverses métairies.

Les maisons d'habitation étaient, pour la plupart, de véritables masures mal aérées, insalubres et indignes de loger des êtres humains.

Des mares d'eau croupissante, noircie par le purin des fumiers, couvraient les cours jusqu'aux portes d'entrée des maisons. De ces boues, il se dégageait pendant l'été des émanations fétides qui donnaient la fièvre aux habitants.

Les métayers étaient pauvres, endettés, mal nourris et découragés ;

Les terres labourables occupaient 50 hectares ;

Les terres de landes et broussailles, 185 hectares ;

Les prairies naturelles et sols marécageux, 50 hectares ;

Les pâtures et les ravins, 82 hectares.

II.

CONTRAT ENTRE LES ANCIENS PROPRIÉTAIRES ET LES MÉTAYERS.

Les baux ou contrats passés entre les anciens propriétaires et les métayers avant 1849 étaient rédigés comme il suit :

« Par-devant Josèphe-Anselme-Thibaud Beauregard, no-
« taire royal à la résidence de Cérilly, chef-lieu de canton,
« arrondissement de Montluçon, département de l'Allier,
« en présence des témoins.... Le sieur Gilbert Advenier
« aîné, propriétaire à Theneuille, lequel auxdits noms a

« délaissé à titre de bail de métairie, à moitié fruit pour
« six années consécutives avec choix néanmoins réciproque
« d'interrompre le cours du présent bail à l'expiration de la
« troisième année, à François Géminet et sous son auto-
« rité Marie Martin sa femme et ses enfants, laboureur ici
« présent et acceptant savoir : Le lieu et domaine de la Se-
« gougne et Bonneau, situés commune de Theneuille tels
« que le tout se consiste et comporte, et dont ils jouiront en
« bon père de famille. »

Toutefois le propriétaire se réservait à son profit la *louagerie* de la *Segougne* et *celle de Bonneau avec leurs dépendances*; plus la *chambre* de la *maison de Bonneau*, le grand grenier, la *petite cave* et les *trois étangs*.

Le présent bail était fait aux conditions suivantes :

1° Tous les fruits naturels et industriels seront partagés par moitié entre les preneurs et le bailleur ;

2° Les preneurs garderont avec leurs vaches, les deux vaches du propriétaire et les reconduiront chaque soir à son domicile ;

3° Ils fourniront au propriétaire les charrois dont il aura besoin ;

4° Ils donneront chaque année au bailleur dix poulets et 5 kilogr. de beurre ;

5° Ils lui payeront annuellement la somme de 330 fr. en argent ;

D'autres baux rédigés à la même époque contiennent les clauses suivantes :

A. Le preneur laissera le bailleur prélever avant tout partage la onzième portion des gros grains.

Le preneur sera tenu de fournir au bailleur pendant le mois de mars trois journées de travail pour lesquelles il recevra en échange sa nourriture seulement.

Il sera tenu de fournir à sa demande douze poulets, quatre chapons bons, gras, vifs et recevables et, en outre, cent vingt œufs frais.

B. Les preneurs fourniront au bailleur les œufs, volailles, légumes et le beurre dont il aura besoin quand il sera au domaine, seul ou en compagnie ; ils feront la cuisine et lui serviront de domestiques.

Ils devront loger, nourrir, héberger, et soigner pendant leur séjour au domaine le cheval du bailleur et ceux des personnes qui l'accompagneront.

C. Le bailleur se réserve la faculté, lui et les siens, de chasser avec chiens dans les sarrasins et les prairies artificielles.

Ces diverses clauses caractérisent l'économie des baux et l'état de l'agriculture en 1849.

III.

CONTRAT QUI RÈGLE LES INTÉRÊTS ENTRE LE PROPRIÉTAIRE ACTUEL ET LES MÉTAYERS.

Article premier. — Le propriétaire renonce à toute redevance en argent désignée dans le pays sous le nom « d'impôts ». Le colon ne payera plus à l'avenir aucun impôt ou redevance (en argent) autre que celui que paye réellement la propriété à l'État.

La suppression de ces charges est faite dans le but de créer chez le colon le bien-être et les ressources nécessaires à un plus grand nombre de travailleurs, et de provoquer ainsi le développement des richesses du sol et l'augmentation des produits agricoles.

Art. 2. — Il renonce également à tout prélèvement de beurre, fromage et lait que l'usage consacrait à son profit.

Mais il ne pourra être vendu aucun produit de la vacherie, le lait des mères étant tout entier nécessaire à la nourriture des veaux pour obtenir de bons élèves.

Des vaches désignées sont entretenues sur le domaine pour fournir le laitage nécessaire à la consommation de la famille des métayers.

Art. 3. — Le colon doit avoir sous ses ordres en toute saison le nombre d'hommes nécessaires pour exécuter les travaux convenus (pour la métairie de Bonneau, il devra avoir continuellement six hommes capables de tous gros travaux).

Art. 4. — Les cultures à entreprendre, le travail à exécuter, les spéculations à poursuivre sur l'élevage ou l'engraissement du bétail seront raisonnés entre le propriétaire et le colon pour chaque saison. Il ne peut ensuite être rien changé à ce qui a été arrêté entre eux sans le consentement des deux parties.

Art. 5. — Le propriétaire fournira la terre et les bâtiments en bon état d'entretien et le cheptel attaché au domaine. Il doit aussi solder le prix de la chaux employée pour le chaulage des terres suivant sa valeur prise au lieu de production. Le colon en fait ou en fait faire le transport à ses frais. Il a droit pour ces transports d'utiliser les animaux de trait du domaine.

Quant aux engrais commerciaux, noir animal, guano, etc., la valeur en est payée par moitié par chacune des deux parties, à moins de conventions contraires pour des cas spéciaux.

Le propriétaire prend à ses frais les engrais achetés pour être employés dans la création des prairies permanentes ou naturelles, lorsque ces prairies sont établies sur des terres non occupées par des récoltes.

Il rembourse au colon sa part de dépenses sur la chaux employée dans les champs transformés en prairies permanentes, lorsque cette chaux n'a pas cinq années de durée dans le terrain.

Quand ces prairies ont été bien créées et lorsque leur réussite est satisfaisante, le propriétaire accorde au colon, à titre d'encouragement, 50 fr. par hectare.

Art. 6. — Tous les produits appartiennent par moitié entre le propriétaire et le métayer.

Art. 7. — Tous les bénéfices ainsi que les pertes sur les animaux sont aussi partagés par moitié entre chacune des parties intéressées.

Art. 8. — Les travaux extraordinaires comme le drainage, etc., ne sont exécutés que lorsqu'ils ont été arrêtés par le propriétaire et le colon, qui fixent chaque fois et d'un commun accord, dans quelle proportion chacun d'eux doit y participer.

Art. 9. — La direction de la culture appartient au propriétaire, qui pourra se faire suppléer en cas d'absence ou d'empêchement.

Toutefois il est entendu dès à présent que, pendant la période de chaque rotation des cultures, la profondeur des labours sera augmentée de $0^m.05$ comparativement à celle de la période précédente, soit 0^m01 par année en moyenne jusqu'au moment où on aura atteint la profondeur nécessaire de $0^m.35$.

Tel est le contrat librement accepté à Theneuille par le propriétaire et les métayers, et fidèlement exécuté depuis un quart de siècle bientôt sans avoir donné lieu à aucune difficulté : on lui doit en partie les résultats obtenus sur ce domaine.

IV.

PROCÉDÉS CULTURAUX SUIVIS DANS L'AMÉLIORATION DE LA PROPRIÉTÉ.

Les procédés suivis pour l'amélioration de la propriété ont été :

1° Modification des contrats qui réglaient autrefois les intérêts entre le propriétaire et les métayers ;

2° Distribution raisonnée des terres en vue de l'écoulement des eaux stagnantes, de la création de prairies nouvelles et de la facilité des cultures ;

3° Établissement des chemins d'exploitation ;

4° Assainissement des terrains en pente par la dérivation

des sources; assainissement des autres parties du domaine par le drainage régulier;

5° Défrichement des terres et leur ensemencement en céréales pralinées avec le noir animal pendant la première et la seconde année de mise en culture;

6° Aménagement mieux entendu des fumiers;

7° Utilisation des bruyères et ajoncs dans la confection de composts calcaires;

8° Plantation d'arbres fruitiers en bordure et en verger : noyers, châtaigniers, etc.;

9° Chaulage de toutes les terres labourables;

10° Dérivation et aménagement des eaux pour l'irrigation des prairies anciennes et nouvelles;

11° Création de prairies nouvelles et culture sur une grande surface de prairies artificielles;

12° Culture de racines et plantes fourragères : pommes de terre, choux, maïs-fourrage, etc.;

13° Choix de meilleures races de bétail; alimentation raisonnée; élevage et engraissement de la race bovine charolaise;

14° Reconstruction et réparation des bâtiments d'habitation et d'exploitation au point de vue de l'hygiène, des convenances et de la dignité des personnes, de la salubrité et de l'économie pour le bétail;

15° Emploi de machines et d'instruments agricoles perfectionnés;

16° Encouragement sous diverses formes aux métayers pour des travaux ayant un caractère d'amélioration permanente;

17° Enfin, abandon à leur profit par le propriétaire des primes en argent obtenues dans les concours et expositions agricoles.

V.

ASSOLEMENT SUIVI SUR LE DOMAINE.

Les terres labourables, déduction faite des surfaces occupées par les prairies naturelles, les bâtiments, les bois et les chemins, ont une étendue de 336 hectares.

Elles sont soumises à l'assolement quinquennal ci-après :

Première année : Betteraves, carottes, pommes de terre, navets, vesces, maïs-fourrage, etc.

Deuxième année : Froment d'automne, blé de mars et orge.

Troisième année : Prairies artificielles fauchées deux fois et formées avec le trèfle ordinaire, le ray-grass, la lupuline et le trèfle blanc.

Quatrième année : Prairies artificielles fauchées une seule fois et pâturées ensuite.

Cinquième année : Avoine d'hiver, avoine de printemps, orge d'hiver et orge de printemps.

Chaque sole, sur l'ensemble du domaine, occupe 67 hectares.

Le domaine présente annuellement les cultures suivantes :

A. *Plantes céréales.*

Deuxième sole. . . . . . . 67 hectares.
Cinquième sole 67
                              ———
        Total. . . 134

B. *Plantes fourragères.*

Première sole . . . . 67 hectares.
Troisième et quatrième sole . . 134 —
                              ———
        Total. . . 201

Les prairies naturelles ayant une étendue de 80 hectares, il en résulte que les surfaces qui assurent l'existence du bétail occupent chaque année 290 hectares.

Chaque hectare en fourrage ou en prairie naturelle nourrit annuellement environ 350 kilogr. de poids brut ou 3/4 de tête de gros bétail.

VI.

ÉTAT COMPARATIF DES PRODUITS ET RÉSULTATS FINANCIERS.

Produits en nature.

1849.

Prairies naturelles : Foin.	82,500 kilogr.
Pommes de terre	9,000 —

Céréales alimentaires :

Seigle, 288 hectolitres ; avoine, 144 hectol.	432 hectol.

Bétail :

Nombre : Bœufs, 16 ; vaches, 25 ; bouvillons et génisses, 10.	51 têtes.
Poids brut : Bœufs, 6,000 kilogr.; vaches, 5,000 kilogr.; jeunes bêtes bovines, 1,050 kilogr.	12,050 kilogr.
Valeur du bétail estimée par experts . .	5,100 fr.

1872.

Prairies naturelles et artificielles : Foin.	360,000 kilogr.
Racines et tubercules : Leur équivalent en foin	417,000 —

Céréales alimentaires :

Froment, 1,352 hectolitres ; orge, 530 hectolitres ; sarrasin, 3 hectolitres ; seigle, 359 hectolitres ; avoine, 987 hectolitres	3,231 hectol.

Bétail :

Nombre : Bœufs, 45 ; vaches, 65 ; taureaux, bouvillons et génisses, 80 ; bêtes à laine, 520 ; chevaux, 13 ; porcs, 120	843 têtes.
Poids brut : Bœufs, 32,700 kilogr.; vaches, 26,000 kilogr.; taureaux, bouvillons et génisses, 20,000 kilogr.; bêtes à laine, 20,800 kilogr.; chevaux, 4,550 kilogr.; porcs, 6,000 kilogr. .	110,050 kilogr.
Valeur du bétail (estimation annuelle). .	104,600 fr.

Résultats financiers.

1849.

Capital engagé, comprenant la valeur du domaine et du premier cheptel (actes et enregistrement).	214,000 fr.
Étendue des terres environ.	400 hect.
Produits des récoltes céréales	2,700 fr.
Bénéfice réalisé par le bétail	2,100 fr.
Intérêt du capital engagé, fourni par la moitié des produits (céréales, 1,350 fr.; bétail, 1,050 fr.)	1 fr. 13
Revenu par hectare	6 fr.

1872.

Capital engagé comprenant l'état ancien, les terres nouvellement achetées, les dépenses d'amélioration	364,000 fr.
Étendue des terres	446 hect.
Produits des récoltes céréales	49,657 fr.
Bénéfice réalisé par le bétail	18,000 fr.
Intérêt du capital engagé, fourni par la moitié des produits (céréales, 24,828 francs 50; bétail, 9,000 fr.). . . .	9 fr. 29
Revenu par hectare	75 fr. 84

VII.

RÉCOMPENSES DÉCERNÉES A L'EXPOSANT.

1858. Prix d'honneur de l'arrondissement de Montluçon.

1858. Médaille d'or du ministère de l'agriculture pour l'exploitation la mieux dirigée.

1862. Médaille pour excellence à l'exposition universelle de Londres.

1866. Grande médaille d'or de la société du Berry.

1867. Grand prix et médailles d'or à l'exposition universelle de Paris.

1868. Nommé membre de la Légion d'honneur.

1869. Grande médaille d'or de la Société centrale d'agriculture de France.

1870. Grande médaille d'or de la Société d'encouragement pour l'industrie nationale.

Premiers prix pour des animaux reproducteurs et des animaux gras de la race charolaise dans divers concours régionaux et généraux : Orléans, Moulins, Lyon, Paris, etc.

Premier prix pour le plus bel ensemble d'animaux (concours départemental de l'Allier en 1867).

SOCIÉTÉ CENTRALE D'AGRICULTURE DE FRANCE.

ASSOCIATION
DU CAPITAL ET DU TRAVAIL

DANS

LE MÉTAYAGE

(RAPPORT LU A LA SÉANCE PUBLIQUE DU 19 JUIN 1870.)

Messieurs,

A une époque où les questions économiques les plus graves sont soulevées par la force des choses aussi bien que par le mouvement des esprits, l'attention se porte naturellement sur les hommes qui cherchent à introduire dans le domaine des faits les principes généraux d'association, dont tout le monde parle peut-être un peu au hasard aujourd'hui. Il appartenait à notre Société de porter ses investigations précises sur un des problèmes sociaux les plus intéressants au point de vue de la richesse du sol et au point de vue du bien-être des cultivateurs, qui en est la conséquence.

C'est pourquoi vous avez bien voulu nous charger,

M. Édouard Lecouteux, M. Gustave Heuzé et moi, de visiter le domaine de M. Bignon, à Theneuille, exploité par des métayers, et de vous rendre compte des impressions que cette visite nous aurait laissées au point de vue cultural et au point de vue économique.

Personne n'ignore les plaintes, malheureusement trop justes, que provoquent de toute part l'élévation des salaires, l'émigration des campagnes, l'ignorance des cultivateurs, les difficultés qu'éprouvent les propriétaires du sol ou leurs fermiers à obtenir de leurs ouvriers le travail qu'ils sont en droit d'en attendre en échange des salaires toujours grossissants.

Ces plaintes se font entendre dans les pays où l'agriculture a pris une forme industrielle, et où les gros capitaux appliqués à la fécondation du sol obtiennent les grands rendements.

Dans une autre partie de la France, qui contient plus des deux tiers du pays, la culture du sol est, pour ainsi dire, abandonnée à l'ignorance et à la routine de pauvres paysans, laissant périr dans leurs mains inhabiles les éléments puissants de la prospérité publique. Ici s'élèvent aussi des plaintes, mais plus vives, plus générales; on peut fermer les yeux sur le mauvais état du sol, l'insuffisance des cultures, la pauvreté des rendements. On voit une terre féconde, à peu près abandonnée à elle-même, mesurer ses bienfaits au travail insuffisant qu'on lui donne, et l'on attribue naturellement les souffrances de la culture au mode d'exploitation du sol.

Beaucoup de personnes, qui croient juger l'arbre à ses fruits, considèrent le métayage comme un fléau pour notre agriculture. Le métayage, disent-ils, perpétue l'ignorance et la misère; l'ignorance et la misère perpétuent le métayage. Tel est le cercle vicieux dans lequel semblent se mouvoir les propriétaires et les cultivateurs d'une grande partie de la France.

Faut-il en conclure que ces malheureuses contrées sont condamnées, par la force des choses, je n'ose pas dire à vivre, mais à végéter dans cette triste situation?

Évidemment non. Nous ne croyons pas à la fatalité du mal: nous ne sommes pas de ceux qui désespèrent facilement de leur pays ou qui nient la lumière parce qu'ils ferment les yeux.

L'agriculture française, depuis un quart de siècle, a fait de grands et incontestables progrès. Ce n'est point dans cette enceinte, qui est en quelque sorte le centre du mouvement agricole, que j'oserais mettre en doute la marche incessamment progressive de notre agriculture.

Les recherches très-intéressantes que vous nous avez chargés de faire nous ont permis de constater une fois de plus qu'en France on ne s'arrête jamais.

Il s'agissait d'aller étudier de près les travaux, les améliorations, nous dirons presque les merveilles accomplies dans une vaste propriété du centre de la France, exclusivement à l'aide du métayage, ainsi que les effets des contrats qui établissent l'association entre les propriétaires et les colons.

Un homme s'est rencontré, fils et petit-fils de cultivateurs, qui, dans la situation brillante que lui avait faite, à Paris, un travail intelligent et courageux, n'a pas oublié sa modeste origine et a essayé de faire sortir du métayage la fécondation du sol, en associant, au travail et au dévouement du métayer, l'intelligence et les capitaux du propriétaire.

Ce que M. Bignon a fait, tous les propriétaires amis de leur pays et soucieux de leurs propres intérêts, peuvent le faire et devraient le faire.

Nos honorables collègues, MM. Édouard Lecouteux et Gustave Heuzé, ont bien voulu me confier le soin de raconter rapidement l'histoire instructive de Theneuille et de reproduire devant vous nos impressions, nos sentiments et nos vœux. J'ai hâte de le dire, impressions, sentiments et vœux ont été unanimes.

En 1849, M. Bignon aîné, qui venait de céder à son frère l'établissement de la rue de la Chaussée-d'Antin, acquit, au prix de 81,220 fr., y compris les frais, la terre de Theneuille, dans le pays même où ses ancêtres exercèrent la profession modeste de cultivateurs et où il avait passé sa première jeunesse. Le prix moyen de l'hectare ne dépassa pas 384 fr. Nous verrons tout à l'heure ce que vaut aujourd'hui, dans le pays, un hectare de terre transformée.

Theneuille était admirablement choisi pour la démonstration que se proposait M. Bignon. Ce sont des terres argilo-siliceuses, à sous-sol imperméable. Pauvres et humides, elles étaient presque entièrement incultes ; le genêt, l'ajonc, les broussailles et la bruyère couvraient les parties qui n'étaient pas ravinées ou dénudées par les eaux.

Le sol produisait un peu de seigle, quelques charretées de très-mauvais foin suffisant à peine à nourrir le cheptel composé, pour toute la propriété, de 27 têtes de soi-disant gros bétail estimées à 2,774 fr., c'est-à-dire environ 100 fr. la tête de bétail. On n'y avait jamais vu ni froment, ni fourrages artificiels.

Point de chaux, ni de marne, point de chemins praticables entre les divers domaines ; les bâtiments des fermes, quelques masures en ruine. M. Bignon, par un sentiment louable, en a conservé un spécimen, au milieu d'une magnifique prairie créée par lui. C'est une misérable hutte, comme on en trouve encore malheureusement par milliers dans les pays à métayers, et comme les a si bien décrites notre regrettable et vénéré collègue M. de Tracy, dans son remarquable travail sur la situation du métayage dans la Sologne bourbonnaise.

C'est avec ces éléments que M. Bignon entreprit cette œuvre méritoire, qui dura vingt ans, mais donna une fois de plus au monde agricole l'affirmation d'un fait irrécusable : la puissance irrésistible pour le bien de l'association du propriétaire et du colon.

M. Bignon a conservé dans ses fermes presque toutes les familles de métayers qu'il y a trouvées. Dans tous les cas, il y en a qui datent de plus de vingt ans. Nous avons vu ces colons il y a quelques mois, et c'est en grande partie de leur bouche que nous tenons les détails qui vont suivre.

La résistance des métayers fut générale. Ils étaient presque tous mal logés, mal nourris, accablés de travail, criblés de dettes ; que pouvaient-ils perdre à un changement ? rien ; et ils pouvaient tout y gagner. Naturellement ils résistèrent. M. Bignon dut entreprendre peu à peu leur conversion. Il résidait, à cette époque, pendant toute l'année au milieu d'eux. Aucun acte de sa vie ne pouvait leur échapper. Ils virent ce que c'est qu'un homme qui a su faire honorablement sa fortune au milieu des difficultés de la vie parisienne ; le propriétaire, qui leur demandait d'associer son intelligence et ses capitaux à leur travail, montra qu'il savait payer de sa personne, discuter, raisonner les améliorations qu'il proposait, au besoin les entreprendre et les réussir. C'était un enfant du pays, qui ne devait son instruction supérieure, sa situation de fortune qu'à son seul travail. Il joignait heureusement à l'expérience des affaires cette justesse de vue, cette ténacité pour le bien qui, tôt ou tard, devaient vaincre toutes les répugnances.

La lutte fut longue et difficile; mais enfin le progrès l'emporta. M. Bignon ne pouvait guère s'adresser à l'esprit de ses métayers; leur esprit n'avait point encore été ouvert par les inappréciables bienfaits de l'instruction; aussi parla-t-il d'abord à leurs yeux. Quelques heureux essais entrepris par le propriétaire, à ses frais, les frappèrent, et peu à peu ils consentirent à suivre M. Bignon dans la voie féconde qu'il leur traçait.

En parcourant les domaines assez éloignés de la propriété de M. Bignon, et où l'influence morale du propriétaire de Theneuille ne s'est point encore fait sentir, nous avons pu nous rendre un compte exact de l'état inculte dans lequel se trouvaient, en 1849, les fermes que vous nous avez chargés de visiter.

M. Bignon s'occupa d'abord de défricher les landes qui constituaient la majeure partie de ses terres : les bruyères, les ajoncs, les genêts, les broussailles furent arrachés. Lorsque ces détritus, répandus dans les cours et sur les chemins où passait le bétail, employés comme litières dans les étables et dans les bergeries, furent suffisamment réduits, on les mélangea avec un dixième de chaux vive, on en fit une sorte de compost qu'on arrosait avec du purin. Puis on transporta ce compost bien réduit dans les champs qui avaient été labourés profondément. Cet engrais revient à 1 fr. 50 le mètre cube. De cette façon, la transformation de ces matières nuisibles en excellent engrais fut heureusement substituée à l'écobuage dans tous les défrichements de Theneuille.

L'introduction de la chaux dans ces composts permit d'inaugurer immédiatement la culture du froment dans une contrée qui n'avait produit, jusqu'alors, que du seigle et en petite quantité.

Le défrichement fut fait à l'aide de la grande charrue Dombasle. Les labours avaient de $0^m.25$ à $0^m.30$ de profondeur. On y employait 6 ou 8 bœufs, suivant la nature du terrain. Les irrégularités disparurent, les ravins furent comblés, grâce à l'action de cette puissante charrue. Les bruyères étaient successivement retournées par un labour d'hiver, puis hersées en long pendant l'été ; elles recevaient en automne un ensemencement de seigle, à raison de 2 hectolitres de noir animal pour un hectolitre de grains. Après la deuxième récolte, ces terres étaient chaulées au moyen des composts dont nous venons de parler, puis semées en froment et en trèfle. La terre, ainsi parfaitement ameublie, épierrée, amendée et nullement épuisée, a donné régulièrement, depuis cette époque, de très-belles récoltes (1).

Un fabrique de tuyaux de drainage, chose inconnue dans ce pays, fut installée, et l'assainissement des bas-fonds donna naissance à de belles prairies naturelles. Les eaux de drainage, aménagées avec intelligence, permirent de développer ces prairies au moyen de l'irrigation. Un système complet de fossés et de rigoles à niveau, très-économiquement établi, réunit les eaux et permit d'utiliser les matières fertilisantes entraînées par les pluies qui trans-

---

(1) Je dois ajouter que la récolte de cette année, si calamiteuse pour la France, surpasse, à Theneuille, celle des années précédentes. Ce beau résultat est uniquement dû aux labours profonds.

formaient autrefois les bas-fonds en marais stériles et insalubres.

Les prairies artificielles alternent aujourd'hui sur les champs défrichés avec la culture des céréales. La propriété offre annuellement une étendue de 100 à 150 hectares cultivés en plantes fourragères, qui permettent d'entretenir, sur les trois domaines visités par nous, 120 bêtes à cornes, magnifiques spécimens de la race charolaise, 250 à 300 moutons, une douzaine de chevaux de trait et 60 à 80 porcs. Nous sommes loin du cheptel de 2,774 fr.!

L'assolement adopté sur l'ensemble des trois domaines de Lacroix, de Bonneau et de Grandfy, est un assolement quinquennal, ainsi divisé :

1re année. — Récoltes fourragères, racines, fourrages annuels. Jachères sur les parties de la sole où elle est encore utile.

2e année. — Froment et seigle d'automne.

3e année. — Trèfle, ray-grass, lupuline et trèfle blanc pour être fauchés.

3e année. — Trèfle, ray-grass, lupuline pâturés.

5e année. — Avoine d'hiver ou de printemps, ou escourgeon d'automne.

De cette manière, les terres labourables doivent présenter annuellement les récoltes dans les proportions suivantes : deux cinquièmes en céréales et trois cinquièmes en plantes fourragères.

Pas un mètre de ce sol, où ne poussaient naguère que la bruyère rose, le genêt, l'ajonc et les broussailles, n'est aujourd'hui inoccupé. D'ailleurs, sous l'influence de Theneuille, les terrains incultes disparaissent peu à peu de la contrée. Le bon exemple a rayonné, et il faut aller assez loin, vers des localités moins favorisées, pour retrouver le respect inébranlable de la bruyère et du genêt.

M. Bignon cultive avec succès le trèfle ordinaire, le ray-grass, la luzerne, le seigle, la navette, l'avoine, le trèfle rouge, le maïs, la vesce et le choux cavalier, comme fourrage artificiel. Ses racines fourragères sont : le navet, la rave, la betterave et la carotte. Il récolte annuellement 240,000 kilogrammes de foin naturel, 460,000 kilogrammes de fourrages artificiels et près de 400,000 kilogrammes de racines.

Si nous comparons les produits de la propriété en 1849 et en 1869, après un intervalle de vingt années, nous voyons qu'en 1849 le produit fourrager se composait de quelques maigres pâturages et de 40,000 kilogrammes de foin naturel de médiocre qualité, tandis qu'en 1869 la production fourragère en prés naturels, prairies artificielles et racines s'élève à plus d'un million de kilogrammes ! La récolte du seigle était, en 1849, de 61 hectolitres ; celle de l'avoine de 42 hectolitres ; et c'était tout. La production des céréales a atteint, l'année dernière, le chiffre de 1,541 hectolitres de froment, orge, seigle, avoine et sarrasin. Enfin le bétail entretenu sur les domaines de Bonneau, Lacroix et le Grandfy, qui représentait 2,774 fr. en 1849, a aujourd'hui une valeur de 69,480 fr., dont la moitié appartient en propre aux métayers.

Le même progrès se fait remarquer dans la construction des maisons d'habitation et dans l'aménagement des bâtiments d'exploitation. Peu à peu les vieilles masures où logeaient les métayers furent reconstruites aux frais du propriétaire. La lumière, la propreté, la santé et le bien-être pénétrèrent dans ces demeures autrefois si misérables.

L'instruction suivit. Les pères illettrés comprirent les bienfaits de l'instruction primaire. Les enfants apprirent à lire, à écrire, à compter, et la lecture des meilleurs ouvrages d'agriculture élémentaire placés, par les soins de M. Bignon, dans la petite bibliothèque de chaque ferme, vint intéresser les longues veillées d'hiver, en initiant la famille au langage de l'agriculture progressive, aux méthodes rationnelles et aux saines idées nouvelles.

Les étables aérées, spacieuses, organisées avec la plus grande simplicité, reçurent de nombreux échantillons de la belle race charolaise destinés, au bout de quelques années, à constituer le magnifique troupeau d'animaux charolais qui font la fortune et la gloire des métayers de Theneuille.

Un esprit aussi intelligent et aussi précis que M. Bignon ne pouvait négliger, dans une entreprise semblable, les voies de communication. Les ravins formaient les chemins; les chemins se perdaient dans les marécages. On ne s'inquiétait guère, alors, de battre huit ou dix sentiers à travers la brande, pour aller d'un point à un autre. Les champs labourés envahirent les sentiers inutiles, et M. Bignon, traçant méthodiquement dans sa propriété les routes nécessaires à l'exploitation, supprima ces innombrables sentiers et concentra ses efforts sur les chemins nécessaires. Avant les vingt années qui se sont écoulées depuis l'acquisition de Theneuille, les domaines furent traversés, sillonnés, reliés les uns aux autres par un système de voies de communication intelligemment tracées et soigneusement entretenues.

Avant d'aborder la question la plus intéressante peut-être que soulève l'exploitation de Theneuille, il est bon d'élucider un point important et de répondre à une objection que quelques personnes ont, sans doute, déjà faite. Les améliorations sont généralement faciles à ceux qui sont riches ; il faut savoir, pour les apprécier, ce qu'elles coûtent et ce qu'elles rapportent.

C'est parfaitement juste, et nous allons voir ce qu'ont coûté les améliorations de Theneuille et ce qu'elles ont rapporté, tant au propriétaire qu'aux métayers, liés par une étroite et heureuse solidarité.

La terre de Theneuille a coûté, en 1849, 81,220 fr. avec les frais. Le capital d'amélioration appliqué successivement à la transformation de la propriété, en y comprenant même l'acquisition de plusieurs annexes, s'est élevé, en vingt ans, à 71,597 fr. 40. On peut se rendre compte, par l'énumération des récoltes que nous avons faite plus haut, quels ont été les bénéfices de l'exploitation en 1869; il faut y ajouter un bénéfice de 10,000 fr. 50 sur la revente des animaux engraissés et des animaux élevés qui a été naturellement partagé entre le propriétaire et le métayer. Il résulte, du reste, de la comptabilité, parfaitement tenue chez M. Bignon, que les capitaux appliqués tant à l'achat qu'à l'amélioration de Theneuille lui rapportent près de 8 pour 100. C'est là le résultat positif que produit l'exploitation rationnelle de la terre par le métayage bien entendu, par l'association réelle et complète du capital et du travail : la terre rapporte un revenu non-seulement supérieur au placement en rentes sur l'État, mais presque égal aux intérêts exagérés des valeurs mobilières les plus douteuses.

D'un autre côté, si le propriétaire a vu, sous le bénéfice de ses améliorations, ses revenus recevoir un accroissement légitime, la valeur du sol s'est aussi élevée. M. Bignon avait payé sa terre à raison de 384 fr. l'hectare. Aujourd'hui les propriétés voisines de Theneuille, dont les propriétaires ont suivi les bons exemples de leur courageux voisin, se vendent, depuis qu'elles ont été améliorées, jusqu'à 1,500 fr. l'hectare. L'action du propriétaire de Theneuille ne s'est donc pas bornée à augmenter la valeur de son propre domaine, elle se fait sentir heureusement dans tout le pays environnant.

En attribuant à M. Bignon le mérite de la transformation radicale qu'elle a constatée, votre commission n'a fait que rendre justice aux travaux remarquables à tous les titres de l'un de ces nombreux agriculteurs dont s'honore notre pays. Ce mérite a déjà été solennellement consacré dans plusieurs circonstances. Déjà, en 1858, la prime d'honneur de son arrondissement témoignait que si nul n'est prophète en son pays, M. Bignon savait faire mentir ce proverbe décourageant. Dans les concours régionaux, dans les concours de boucherie et, dernièrement encore, à l'Exposition universelle, les succès sont venus s'ajouter aux succès; et enfin, en 1868, la décoration de la Légion d'honneur consacrait cette honorable carrière.

Mais il nous reste encore à parler des métayers de M. Bignon, ses adversaires lorsqu'il voulait transformer Theneuille, ses amis dévoués et ses collaborateurs intelligents aujourd'hui. C'est là peut-être la conquête dont le propriétaire de Theneuille doive s'enorgueillir le plus.

A son arrivée à Theneuille, M. Bignon avait tout le monde contre lui. Ses idées n'inspiraient aucune confiance, ses projets effrayaient ; il était suspect. Sa patience, sa douceur, sa fermeté, son inaltérable confiance dans le progrès, sa prudence dans les essais et un certain tact vis-à-vis des travailleurs, que possèdent surtout ceux qui sont nés du travail, conquirent peu à peu ses détracteurs.

Depuis vingt ans, pas un métayer n'a quitté la propriété ; les enfants des métayers des diverses fermes se sont mariés entre eux, de sorte que les métayers de Theneuille ne font plus qu'une grande famille.

M. Bignon voulait que la démonstration fût complète et que la transformation rêvée par lui portât aussi bien sur les hommes que sur les choses.

Les hommes furent aussi transformés. Nous avons causé avec les chefs de famille, témoins malveillants des premiers essais du propriétaire ; ils reconnaissent loyalement leur erreur et bénissent celui qui les a faits ce qu'ils sont. La misère des métayers de 1849, qu'ils n'ont pas oubliée, a disparu du foyer domestique. Les dettes (ils avaient pu faire des dettes!) ont été payées depuis de longues années les économies se sont accumulées ; les métayers sont devenus propriétaires : ils ont des domaines dont la valeur varie de 20,000 à 30,000 fr. ; ils ont eux-mêmes des métayers dont ils font l'éducation à leur tour.

Les familles, bénies de Dieu, se sont augmentées, mais le travail s'est accru avec le nombre des enfants. Tout le monde a pu trouver, dans le domaine, de l'occupation et une occupation fructueuse pour la communauté. Aussi il n'est question à Theneuille ni d'émigration ni de la pénurie des bras. Le travail ne fait jamais défaut et les hommes ne manquent pas au travail. C'est là une des conséquences capitales de l'œuvre essentiellement sociale de M. Bignon. Par l'association intelligente, complète, dévouée du propriétaire et ses métayers, la misère peut être à jamais bannie de nos campagnes ; les produits de notre sol peuvent être multipliés; l'union se fait entre le travail et le capital, une union sincère, complète, qui devient féconde pour le pays tout entier.

Cette association est-elle praticable ? Le témoignage de Theneuille, où elle existe depuis vingt ans, l'exemple de l'autre groupe de fermes que M. Bignon est en train de constituer sur les mêmes bases, prouvent d'une manière irréfutable combien cette association est facile quand le propriétaire le veut. L'exemple de Theneuille montre que cette association est non-seulement praticable, mais qu'elle est aussi fructueuse pour le propriétaire qui sait prendre l'initiative que pour le métayer qui la subit. Cet exemple montre, enfin, qu'une association sur ces bases équitables est durable par la seule volonté des contractants, car, à Theneuille, il n'y a ni contrats, ni baux, ni engagement d'aucune sorte.

Au-dessus de la cheminée, dans chaque ferme, est affiché le règlement de l'association. Quand le temps et la fumée ont effacé les caractères de cette petite affiche, on la recopie, et tout est dit. Cela dure depuis vingt ans, et depuis vingt ans le contrat a été exécuté sans y changer ni un mot ni une lettre, et sans avoir jamais donné lieu à aucune difficulté.

Nous croyons utile d'en reproduire ici les huit articles. Il montre dans quelles conditions ont été entreprises et ont pu être amenées à bien les améliorations de Theneuille; on comprendra, en le lisant, pourquoi ce contrat de libre association n'a jamais eu besoin d'aucune sanction.

« Article 1er. — Le propriétaire renonce à toute espèce de redevance ou double fermage, désigné dans le pays sous le nom d'*impôt,* autre que ceux que la propriété paye réellement à l'État. Cette suppression est faite dans le but de créer chez le colon le bien-être et les ressources nécessaires à un plus grand nombre de travailleurs, et de provoquer ainsi le développement des richesses du sol et l'augmentation des produits.

« Art. 2. — Le colon doit fournir le nombre d'hommes nécessaires pour exécuter les travaux.

« Art. 3. — Les travaux à exécuter, les cultures à entreprendre, les spéculations sur les animaux à poursuivre sont discutés entre le propriétaire et le colon. Il ne peut ensuite être rien changé à ce qui a été arrêté sans le consentement des deux parties.

« Art. 4. — Le propriétaire doit fournir, outre le domaine, le cheptel. Il doit aussi solder le prix de la chaux utilisée pour le chaulage des terres, suivant la valeur prise en lieu de production. Le colon en fait le transport ; pour ce transport, il a le droit d'utiliser les animaux de la métairie.

« Quant aux autres engrais : noir animal, guano, etc., la valeur en est payée par moitié par chacune des deux parties, à moins de conventions contraires pour des cas spéciaux.

« Le propriétaire solde tous les engrais achetés pour être employés dans la création des prairies permanentes ou naturelles, lorsque ces prairies sont établies sur des terres non occupées par des récoltes céréales ou autres, et il rembourse au colon sa part de dépenses sur la chaux employée dans le champ transformé en prairie permanente, si cette chaux n'a pas cinq années de durée sur le terrain.

« Quand ces prairies ont été bien créées et lorsque leur réussite est satisfaisante, le propriétaire accorde au colon, à titre d'encouragement, 50 fr. par hectare.

« Art. 5. — Tous les produits sont partagés par moitié entre le bailleur et le preneur.

« Art. 6. — Les bénéfices ou les pertes de spéculation sur les animaux sont aussi partagés entre chacune des parties.

« Art. 7. — Les travaux extraordinaires, comme le drainage, etc., ne sont exécutés que lorsqu'ils ont été arrêtés par le propriétaire et le colon, qui fixent chaque fois, et d'un commun accord, dans quelle proportion chacun d'eux doit y contribuer.

« Art. 8. — La direction de la culture appartient au propriétaire. »

Tel est le contrat librement accepté, à Theneuille, par le propriétaire et le métayer.

On remarquera que le propriétaire commence à renoncer à la redevance en argent, ainsi qu'aux menus suffrages qui, constituant pour lui un mince avantage, sont une charge pour le colon et deviennent une source continuelle de divisions entre les deux associés.

La répartition des charges qui suit est essentiellement équitable; elle fait peser sur le propriétaire la plus grosse part des frais d'amendement du sol, tout en répartissant également entre les deux associés le prix d'achat des engrais destinés à doubler la récolte commune.

Pour tout le reste, pertes ou bénéfices, les parts sont égales. Chacun a sa part d'initiative, chacun a sa part de responsabilité. Le propriétaire et l'ouvrier ont disparu ; il n'y a plus en présence que deux associés, entre lesquels se répartissent équitablement les charges et les gains. Mais il y a une exception, exception capitale ; car elle porte sur un point d'une haute importance. L'article 8 s'exprime ainsi :

« La direction de la culture appartient au propriétaire. »
Ici, l'équilibre semble rompu. Un chef est proclamé. Mais que représente, à l'heure où nous sommes, le propriétaire du sol ? Ne représente-t-il pas le capital dans toute son amplitude ? Le capital, par le sol qui lui appartient ; le capital, par les instruments qui lui appartiennent, par les semences, par les bâtiments et aussi par le cheptel dont il possède la moitié. A l'heure où nous sommes, le propriétaire qui, comme M. Bignon, consacre son expérience et ses veilles à l'amélioration du sol, ne représente-t-il pas aussi l'intelligence et le savoir ? Or n'est-ce pas l'intelligence qui doit diriger le travail ? Et n'est-ce pas surtout le travail que représente le métayer ? Le propriétaire est l'initiateur, le métayer l'initié. C'est l'initiateur qui marche le premier.

La supériorité qui s'impose par le bien exerce une action si inévitable que, depuis vingt ans, les métayers de M. Bignon se sont volontiers soumis à sa bienveillante direction, et nul d'entre eux n'a jamais songé à se soustraire à ce règlement librement accepté. Depuis de longues années, M. Bignon n'a plus besoin de se consacrer exclusivement à la direction du domaine ; les métayers de Lacroix, de Bonneau et de Grandfy gouvernent aujourd'hui eux-mêmes leurs exploitations. M. Bignon, malade, est resté près de deux années sans pouvoir s'occuper sérieusement de ses fermes ; l'impulsion était donnée, et tout marchait à merveille en l'absence du propriétaire, sous la simple surveillance de son fils aîné.

Dans l'administration du domaine de Theneuille, les métayers sont unis à leur propriétaire par une étroite solidarité ; cette précieuse union, nous vous demanderons de la consacrer, en s'associant à la récompense ceux qui se sont si courageusement associés au travail.

Votre commission est unanime, messieurs, pour vous proposer d'accorder à M. Bignon aîné la médaille d'or de grand module et de donner à MM. Dousset, Guet et Suchot, métayers de Theneuille, des médailles d'argent.

Votre commission croit que ces récompenses seraient d'un très-heureux effet dans les pays de métayage. La sanction de la première société d'agriculture de France consacrera solennellement un des faits les plus importants de notre époque : l'association féconde du capital et du travail dans le domaine de l'agriculture.

Ce n'est donc pas ici une question de personne; c'est une question de principe que nous soumettons à vos suffrages éclairés.

Victor Borie,
membre de la Société centrale d'agriculture de France.

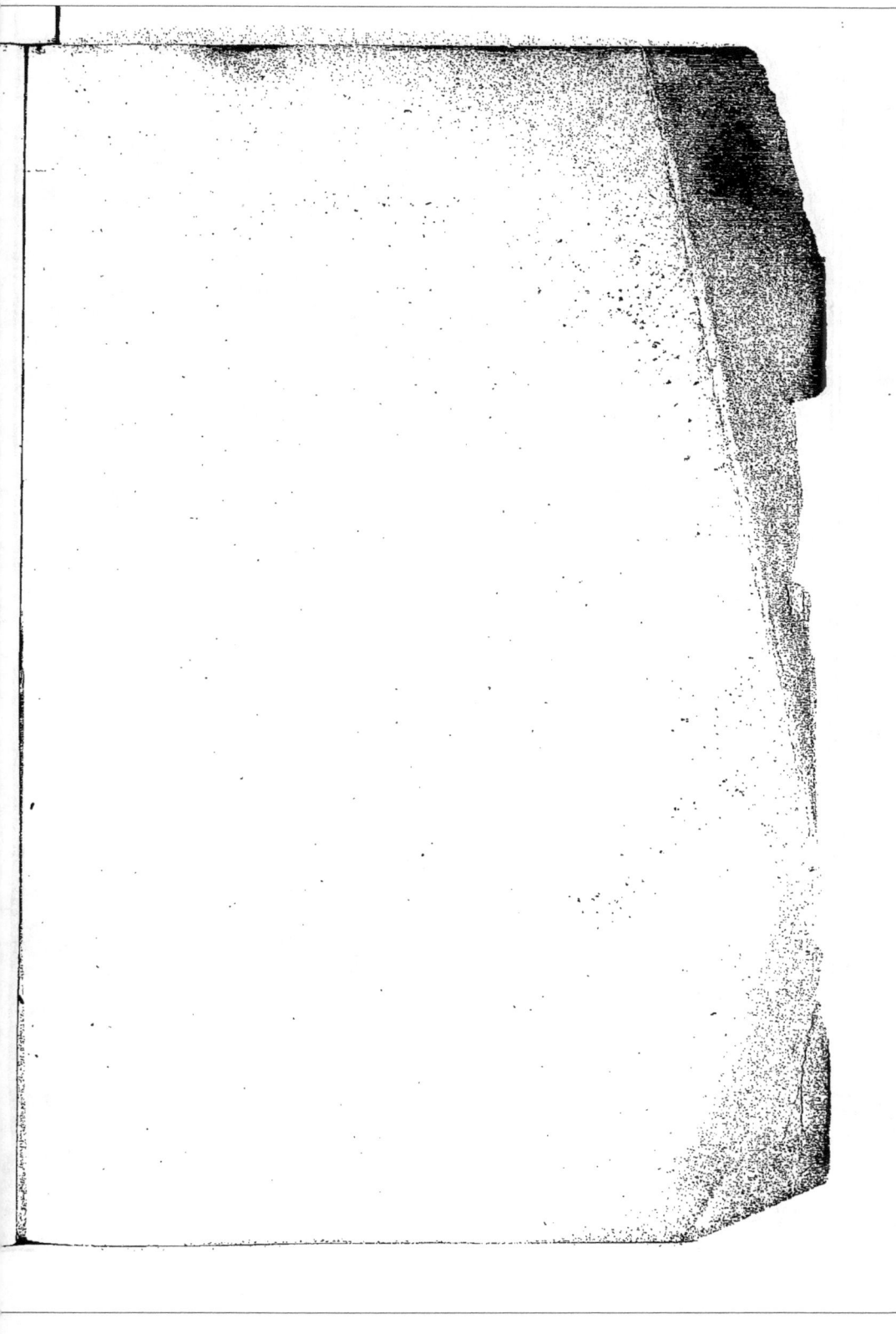

www.ingramcontent.com/pod-product-compliance
Lightning Source LLC
Chambersburg PA
CBHW060501050426
42451CB00009B/754